마도로스 박의
세계 일주

마도로스 박의 세계 일주

발행일	2019년 9월 27일

지은이	박승훈		
펴낸이	손형국		
펴낸곳	(주)북랩		
편집인	선일영	편집	오경진, 강대건, 최예은, 최승헌, 김경무
디자인	이현수, 김민하, 한수희, 김윤주, 허지혜	제작	박기성, 황동현, 구성우, 장홍석
마케팅	김회란, 박진관, 조하라, 장은별		
출판등록	2004. 12. 1(제2012-000051호)		
주소	서울시 금천구 가산디지털 1로 168, 우림라이온스밸리 B동 B113, 114호		
홈페이지	www.book.co.kr		
전화번호	(02)2026-5777	팩스	(02)2026-5747

ISBN	979-11-6299-847-2 03980 (종이책)	979-11-6299-848-9 05980 (전자책)

(주)북랩 성공출판의 파트너

북랩 홈페이지와 패밀리 사이트에서 다양한 출판 솔루션을 만나 보세요!

홈페이지 book.co.kr • **블로그** blog.naver.com/essaybook • **출판문의** book@book.co.kr

3대양을 돌아 남아공 더반에 귀항하기까지
180일간의 낭만적인 바다 여행

마도로스 박의
세계 일주

박승훈 지음

북랩 book Lab

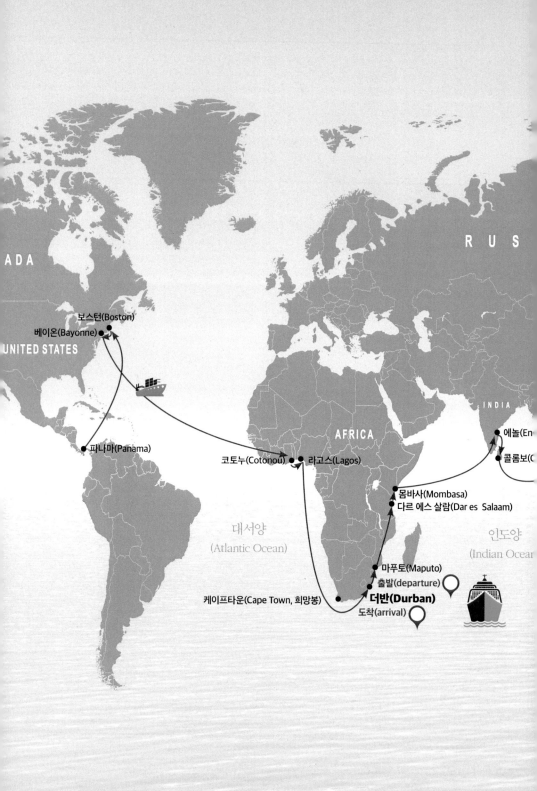

A
CANADA
UNITED STATES
요코하마(Yokohama)
태평양
(Pacific Ocean)
파나마(Panama)
가폴(Singapore)

2014년 3월 17일. 남아프리카 공화국(South Africa)의 더반(Durban)항을 출항(出港). 아프리카 동부 연안의 3개국과 인도(India), 스리랑카(Sri Lanka)를 순회하여 뱃머리를 동으로 동쪽으로 항진(航進)하였다. 인도양(Indian Ocean)을 뒤로하고 싱가포르(Singapore)와 일본(Japan)을 경유하여 태평양(Pacific Ocean)을 가로질러서 파나마 운하(Panama Canal)를 통과한 후에 카르비해(Caribbean Sea)로 나아갔다. 선수(船首)는 계속해서 동북 방향으로 미국(U.S.A.) 동부 지역의 여러 항구들을 거쳐서 보스턴(Boston)항을 정점(頂點)으로 하여 동남(東南) 방향으로 다시 뱃머리를 돌려서 대서양(Atlantic Ocean)을 횡단

하여 서아프리카(Africa) 국가인 베님(Benin)과 나이지리아
(Nigeria)를 섭렵한 후에 적도(Equator)를 지나 남아프리카의
희망봉(希望峯, The Cape of Good Hope)을 좌측에 끼고 돌아
돌아 거센 바람과 거친 파도를 헤치고 동으로 동쪽으로 동진
한 끝에 인도양 측에 위치한 출발점인 더반(Durban)항에 정확
히 지구를 한 바퀴 돌아서 180일 만에 원점으로 귀항(歸港)하
였다.

수면 위로 솟구침

비약(飛躍)

입수(入水)

흔적(痕跡)

바다 위로의 비약(飛躍)

남아프리카공화국의 인도양(Indian Ocean) 남쪽 바다에서 만난 바다의 친구 고래

때를 맞추어 바다의 영원한 친구인 고래들이 우리들의 지구 일주 축하 공연을 한다. 그 육중한 몸을 아끼지 않고 약 2미터가량의 높이의 점프로 환영한다. 계속 물보라를 일으키며 축하 퍼레이드에 관전하는 모두들 환호와 박수다. 우리들의 지구 일주와 무사 귀환을……

Contents

Part 1

인도양(Indian Ocean)을 건너서

태평양(Pacific Ocean)을 건너면서

대서양(Atlantic Ocean)을 가로질러서

적도(Equator)를 지나며

Part 1

인도양(Indian Ocean)을
건너서

항행의 견시자들

암흑(暗黑)으로부터의 탈출

구름에 갇힌 해

불타는 저녁 노을

Part 1 ★ 인도양(Indian Ocean)을 건너서

나의 직업은 마도로스(Matroos)다.

직책은 기관장(Chief Engineer)이고 승선 (乘船) 중인 선박의 스펙(Specification)은 길이 190미터, 높이 33미터의 자동차 전용선이다. 자동차를 화물로 약 5,300대 적재할 수 있다. 기관(Engine) 마력은 1만 6천 3마력(자동차 약 140대가 끄는 힘)으로 최대 속력은 19.5노트(Knot, 시속 약 36㎞)이며 대형 선박치고는 비교적 빠른 속력이다.

2014년 2월 하순. 일본산 자동차를 싣고 요코하마항(港)을 출발하여 인도양을 건너서 모리셔스(Mauritius)의 포트 루이스(Port Louis), 마다가스카르(Madagascar), 남아프리카의 더반(South Africa, Durban)을 목적지로 하는 항해가 시작되었다.

비교적 2, 3월의 인도양은 조용하나 오랜 해상 생활에 익숙해서 그런지 조용함이 오히려 마음에 평온(平穩)을 주지 못한다.

항상 그러하듯이 긴 여정(旅程)의 지루함을 달래 주는 건 하늘, 바다, 태양, 달, 별과 구름들이다. 이들은 각양각색으로 나를 반갑게 반겨 준다.

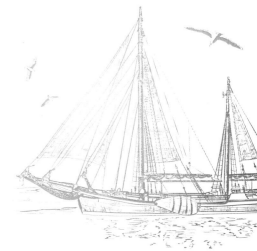

23

구름 위에 무지개 섰네

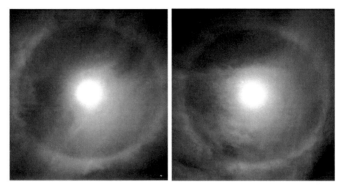

태양의 눈

구름 세계

동행(同行)

두 선박의 항로(航路)가 똑같으니 앞에 비구름이 있어도……

때때로 만나는 같은 외로운 처지인 다른 항행 선박이 말없이 반겼다간 말없이 가 버린다.

운이 좋을 때 만나는 건, 다정한 한 가족의 돌고래다. 나의 배가 자기들의 친구인 모양이다. 같이 동행하고 같이 놀아 주고, 어디까지 동행할래? 우리의 갈 길은 아직도 멀고 먼데. 너희들의 집은 어디야? 재미가 없어서인지 아무 말 없이 떠나 버렸다.

갑자기 바다가 요란하다. 여기저기서 파닥파닥 툭툭 잔물결 친다.

날치다. 비록 한 번 비행에 약 10미터의 짧은 거리, 낮은 비행이지만 바다에도 날개를 가진 비행체가 있다. 이때다. 멀리서 날던 바다갈매기가 저공비행이다. 순간포착(瞬間捕捉). 항해 당직을 서던 3등 항해사와 함께 "성공(Success)이냐, 실패(Failure)냐?" 소리

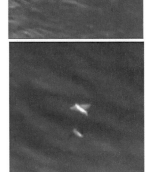

친다. 바다에서도 하늘에서도 쫓기고 쫓는 전쟁이 벌어졌다.
각자 모두 성공하기를 기원해 본다.
　바다가 거짓말같이 잔잔하다. 누가 시샘할까 봐 조바심이
난다.

무제(無題)

파도를 즐기는 바다 새   뭘 봐?

그때 저 멀리 삼각형 꼬리가 물위에 보인다. 상어다. 저놈,
저놈은 나의, 우리들의 영원한 적이다. 만화에서도, 영화 포
스터에서도 심지어는 죠스 아이스크림에서도 공포를 실감나
게 하기 위하여 입을 벌겋게 물들인다. 실제로는 하얗다. 그
놈도 자기보다 큰 덩치를 보니 잡아먹지 못
한다고 생각했는지 자취를 감춰 버렸다.

약 20여 일 동안의 순탄한 항해였다.

첫 번째 출항지
더반(Durban, South Africa)에서

2014년 3월 14일 저녁 8시. 갑자기 바깥이 헬리콥터(Helicopter) 소리로 요란하다. 부두에 접안하기 위해 도선사(Pilot)가 헬기로 도착 승선한다. 대부분의 나라에서는 날씨가 좋지 않을 때에도 도선사는 전용 보트(Pilot Boat)에 타고 접근하여 승선하는데, 이곳만의 특징이다.

설렌다. 여러 차례 와 본 경험이 있어도 밖의 모든

잠자리 비행기가 배로 날아오다

것이 몹시 그리워진다. 누가 무엇을 경험했느냐? 음악과 술과
아가씨가 어떠냐? 서로 지난날의 경험담을 자랑한다.

지난 2010년 월드컵이 이곳에서 열렸었고 넬슨 만델라의
탁월한 지도력으로 흑백(黑白)의 차이도 사라졌을 터인데 동
남아 선원들은 오래 전부터 이곳을 다녔음에도 아직까지도
흑인 테러에 대한 두려움을 무척이나 크게 가지고 있다.

오래전의 기억이 난다. 화장실 출입도 흑인과 백인으로 뚜
렷하게 나뉘어져 황색인인 나는 어느 쪽을 택할지 무척이나
당황했었지만 당당하게 백인 화장실을 사용해서 백인들로부
터 무언(無言)의 눈총을 수없이 받았었다.

이런 걱정들도 나의 외출에 대한 욕구를 억제하지 못한다.
쾌청한 날씨와 그동안 많이 발전되어 깨끗하게 잘 정돈된 거
리를 거니니 기분이 상쾌하다.

잠시 시내 중심가에 위치한 빅토리아(Victoria, A.D. 1819-
1901) 여왕 동상(A.D. 1837-1897, 통치 60년 기념)과 전쟁기념탑
(A.D. 1899-A.D. 1902) 앞에서 발걸음을 멈추고 그 기념비 내용
을 음미(吟味)해 본다. 서양인들의 항해술이 발달하기 이전까

지 이곳에는 흑인만이 살았던 아프리카 대륙 남쪽의 끝 지역
이다. 과연 누구를 위한 전쟁이었을까? 무엇을 위해 열심히
싸웠을까?

　전통 시장을 둘러보았는데 백인들은 거의 찾아볼 수 없다. 마침 전통 의상을 입은 흑인 여인네들을 만났는데 기념 사진 촬영을 청했더니 흔쾌하게 승낙한다.

　배로 돌아오는 길에 긴 항해의 피로, 항독(航毒)을 쌉쌀한 맥주와 현란한 음악에 묻혀서 풀었다. 다음 행선지를 위하여⋯⋯.

비견(比肩)

갑자기 날아온 콘돌이 날개를 활짝 펴서 부두의 밧줄 고정 장치에 견주어 본다

밧줄에 새 걸렸네

두 번째 기항지
마푸토(Maputo, Mozambique)에서

모잠비크(Mozambique)는 남아프리카 공화국(South Africa)의 북동쪽으로 인도양 측에 위치한 이웃 나라다.

오래전에 이곳 마푸토(Maputo)에 왔었는데 당시에는 공산국가여서 그런지 밖으로의 외출이 금지되었었고 배(船)에 총을 든 군인이 보초를 서고 있었다. 지금까지도 북한 대사관과 북한 식당이 있다고 들었다.

그런 후에 이번이 두 번째다. 그런데 입국허가증이 나온 것을 보니 오래전부터 체제가 바뀌어 있는 모양이다. 출입국 게이트(Gate)를 통과하려니 조금은 긴장이 된다. 그러나 통관 검사원이 나의 여권을 보자마자 "오우, 코리아"라고 외친다. 반갑다는 신호다.

시내 번화가인 마푸토(MAPUTO) 쇼핑 센터는 부두에서 지

척의 거리에 있고 무척이나 초라하며 외곽에 비포장도로가 많이 보여서 마치 나의 어린 시절의 우리나라 1960년대를 연상하게 한다. 이곳의 특색적인 흑인 음악을 듣고 싶어 거리의 CD 음반 장사꾼을 부르니 여기저기서 몰려들었다. 그뿐만 아니라 이곳의 전통 머리 모양인지 최신식 헤어스타일인지 멋들어지게 머리를 꾸민 견과류를 파는 아가씨도 한몫 하기에 사진 촬영하는 대가로 한 봉지를 사 주었다.

우선 현지 가이드를 찾아서 수산 시장(Fish Market)으로 갔다. 택시로 약 20분 거리의 해변가에 위치한 작은 어시장이

다. 시장 안으로 들어서니 오직 눈에 들어오는 것은 바닷가재와 왕게(King Crab)뿐이다. 한참 동안 가격을 흥정하고 있는데 한국 여인인 듯한 사람 두 명이 옆으로 다가서기에 너무 놀라서 대뜸 한국 사람이냐고 물으면서 어느 상사(商社) 주재원 가족이냐?고 물었더니 빙그레 웃기만 한다. 실례가 될까 싶어 더는 못 물어보고 이곳에 볼거리가 많으냐고 물으니, 그 중 30대쯤 되어 보이는 여성이 다시 이곳에 오게 되면 볼거리가 많다며 연락하라고 거리낌없이 전화번호를 알려 준다. 한참 후에서야 이들이 어디서 왔을까 생각해 본다.

저녁식사 전에 배로 돌아와 즉시 해물 매운 잡탕을 만들기 시작했다.

실력 발휘. 이래도 소싯적에 중국 북경시(中國 北京市) 공인 중급(中級) 요리사 자격증이 있어 아주 문외한은 아니다.

아뿔싸! 잠깐 한눈 파는 사이에 게(Crab)의 왕 엄지발에 오른쪽 엄지손가락이 물렸는데 요지부동에 더욱더 죄어 온다. 고통에 소리를 지르니 3등 기관사가 달려와 보고는 옆에 있는 큰 가위로 그 육중한 다리를 어렵게 자르니 그때서야 저절로 떨어져 나간다. 나의 엄지손가락 살점은 이미 뭉텅 베어져 있었으나 응급 치료를 하고는 즉시 요리를 재개한다. 고추장 풀고, 마늘 다져 넣고, 양파, 대파, 사 가지고 온 해물을 함께 넣고 보글보글 끓이니 뭔가 부족한 느낌이다. 마침 실어 놓은 "한국산 라면"이 있어 면 사리만 넣고 고춧가루로 마무리하니 오늘 저녁은 만찬이다. 모든 외국 선원들에게 조금씩 나누어 주니 엄지손가락을 치켜들며 고맙게도 전부 비운다.

"너희들이 게(매운탕) 맛을 알아?"

어깨를 나란히 한 친구 사이

세 번째 기항지
다르 에스 살람(Dar Es Salaam, Tanzania)에서

탄자니아(Tanzania)는 아프리카 동쪽의 인도양(印度洋) 연안 국가로 모잠비크(Mozambique)의 북동쪽에 인접해 있는 나라이며 아프리카인의 탄생(誕生) 지역으로 알려져 있다. 이곳에서 실려 온 자동차 약 9백 대가량을 뭍으로 하역 할 예정이다. 예상한 대로 상업(商業) 안내자(Security)가 미리 기다리고 있어 안전하게 배로 돌아올 때까지 계약하고 밖으로 출발하였다. 출입국 게이트(Gate)를 통과하여 밖으로 나가니 여기저기서 "코리아 원더풀"이라고 외치며 우르르 나의 주위로 몰려드니 동행한 안내자(Security)가 교통정리를 한다. 안

내자가 이미 알고 있는 택시를 이용하여 시내로 직행하니 조금 전에 열광한 이유를 알 것 같다. 시내 여러 곳에 'SAM-SUNG'과 'LG' 간판이 보인다. 또한 잠깐 들렀던 거리의 만물 잡화상 주인도 'SAMSUNG'이 후원하는 유럽 축구 클럽(Club) 팀의 로고가 새겨진 옷을 입고는 자랑한다. 또한 열렬한 축구팬으로 박지성 선수도 무척 좋아한단다.

지난 2012년 초에 북아프리카 지역인 튀니지(Tunisia)의 스팍스(Sfax)라는 곳을 간 적이 있었다. 멋모르고 중고등학교 하교 시간에 학교 앞을 지나는데 나(한국인)를 발견한 수많은 학생들이 우르르 에워싸며 한국산(韓國産) 핸드폰을 꺼내 들고 KOREA 아이돌 가수의 노래라며 아느냐고 묻는다. 그냥 고개만 연신 끄덕였었다. 나는 7080 세대다. 한국인인 나에게는 아이돌의 노래가 낯설었다.

또한 축구 선수 박지성 씨가 젊은이들의 우상인지 모두들 엄지손가락을 치켜들며 아는 척한다. 그 덕에 잠깐 유명인이 되어 수많은 이들의 사진 모델이 되었던 적이 있었다. 아울러 그 당시 자스민(Jasmine) 혁명의 열기가 한창이었었는데 친절한 튀니지인의 성공을 기원하여 본다.

튀니지의 스팍스(Sfax) 시내 풍경

　느릿하게 달리는 택시 차창 밖의 풍경을 한참 동안 감상하고 있는데 탄자니아(Tanzania)의 현지 안내자(Security)가 자랑스러운 표정으로 나에게 킬리만자로(KILIMANJARO, 雪山)와 세렝게티(SERENGETI, 自然公園)를 아느냐고 묻는다. 물론 아주 잘 알고 있다.

　국민 가수 조용필의 「킬리만자로의 표범」은 애창곡은 아니지만 자주 들어서 다음과 같은 일부 노랫말이 기억난다.

"바람처럼 왔다가 이슬처럼 갈 순 없잖아. 사랑이 외로운 건 운명을 걸기 때문이지. 구름인가 눈인가 저 높은 곳 킬리만자로."

세렝게티 공원(대초원)하면 한참 TV가 친구이던 어린 시절에 즐겨 보던 〈동물의 왕국〉이란 프로그램의 주무대가 아닌가. 두 곳을 두루 잘 보기 위해서는 계획을 잘 잡아도 며칠은 걸리고 돈도 충분히 준비해야 된다는 것도 잘 알고 있다. 모 월간지에 실린, 어떤 젊은 도전적인 한국 여행가가 자전거로 아프리카 여행 중에 이곳 주민들이 모기장이 없어서 고생하는 것을 보고는 그 유명한 탄자니아(Tanzania)의 킬리만자로(KILIMANJARO)의 등반을 포기하고 그 비싼 등반 비용으로 현지인들에게 모기장을 사서 선물했다는 훈훈한 한국인의 정(情)이 소개된 기행문을 읽은 적이 있다. 그 젊은 여행가에게 힘차게 "KOREA, 파이팅"을 외친다. 나는 이러한 선행(善行)에는 못 따라가지만 다음에 꼭 이곳에 다시 와서 킬리만자로의 등반과 세렝게티 대초원을 보리라 다짐하며 그 대신에 한국으로 돌아가 지인들에게 자랑할 설산(雪山)이 그려진 킬리만자로 맥주와 표범(Leopard)이 그려진 세렝게티 맥주를 깊이 음미(飮味)하며 찰칵찰칵 핸드폰에 기억해 두었다.

네 번째 기항지
몸바사(Mombasa, Kenya)에서

케냐(Kenya)는 남쪽으로는 탄자니아(Tanzania), 북동쪽으로는 해적(海賊)으로 악명 높은 소말리아(Somalia) 옆에 있어 국경을 맞대고 있는 두 나라의 중간에 위치한 나라다. 특히 케냐(Kenya)의 몸바사(Mombasa)항은 소말리아 국경과 가까운 거리에 위치해서 소말리아 해적(海賊, Piracy)에게 선박 동향에 대한 정보를 제공하는 장소로도 알려져 왔다. 또한 얼마 전에 수도(首都)인 나이로비(Nairobi)에서는 폭탄 테러가 있었다는 소식도 들었다. 여행에 제일 중요한 수칙은 안전(Safety)이다. 현지 화물 하역 책임자에게 신뢰할 만한 안내자(Security)를 소개받아 나의 행선지에 대해 설명하고는 휴대할 핸드폰을 충분히 충전시키고 로밍(Roaming)으로 전환하였다. 왜냐하면, 자랑스러운 대한민국 외교부 영사 콜센터가 응급 시에 항상 지켜 주기 때문이다.

삼륜차를 개조해서 운영하는 택시에 두 사람이 타니 속도
가 거북이다. 거기에다 창문도 없으니 나에게는 밖을 천천히
구경할 수 있는 얼마나 좋은 유람마차(馬車)이냐! 시내의 규모
는 그리 크지 않아 현재의 항구(港口) 반대편 쪽 해변가에 위
치한 구(舊)거리까지 그 느림보로 약 25분 정도 걸린 것 같다.
택시에서 내리자마자 관광 가이드 여러 명이 나에게 접근하
여 각자 자기가 최고라며 열을 올린다. 그들 중 순진하게 생
긴 안내자를 선택하니 기분이 좋아서인지 앞서가며 열심히
설명한다. 해변에 위치한 성(城)은 견고해 보이는데 방어하는
대포는 초라해 보인다. 과연 구미열강(歐美熱强)의 침략에 견
디어 냈을까? 구(舊)거리의 경치가 좋은 해변 쪽에는 그 당시
에 건설한 열강들의 각국 대사관 건물이 아직까지 그대로 잘
보존되어 있다고 안내자는 열심히 설명한다. 중심 도로인 듯
한 거리에 세워진 옛날 경찰서(Police) 건물 앞에 그 당시 경찰
제복(制服)을 입은 목제(木製) 인형이 서 있는데 우스꽝스럽다.
만든 지 약 60~70년은 되어 보인다. 가까운 곳에 골동품
(Antic) 상점이 눈에 들어온다. 어떠한 곳을 가든지 나의 필수

적 방문 코스다. 오래 전에 골동품(古美術) 수집과 잠시 동안 선박 생활을 떠나 고미술(古美術) 장사에도 몰두하였었다. 특히 우리나라 미술품(일명: 골동품)을 너무 좋아하기에 국사(國史)와 한자(漢文)에도 관심이 많아서 한국사고급 인증서(高級, 국사편찬위원회)와 한자 1급 인증서(한국어문회)를 가지고 있다. 상점 안으로 들어서니 눈이 휘둥그레진다. 거의 목제품(木製品)인데 때물(年代感)이 무지무지하게 오래되었다. 그러나 작품의 소재나 예술성은 단순하다. 특이한 것은 나부(裸婦)와 남녀 간의 성애(性愛) 표현이 적나라(赤裸裸)하여 낯이 뜨거울 정도로 원색적이라는 점이다. 세계 속에서 우리나라처럼 문화에 대한 표현의 다양성과 뛰어난 예술성이 있는 나라도 드물구나 하는 생각이 든다. 약 100년이 훨씬 넘게 두루두루 잘 보존된 구(舊)시가지를 걷고 있으니 마치 영화의 장면 속 주인공이 된 것 같다.

　돌아오는 길에 이곳의 전통음식을 맛보고 싶어 식당을 들러 보았는데 주로 양(羊)꼬치(터키의 케밥과 비슷함)류의 요리다. 무사히 돌아오니 출항 시간이 조금 늦춰질 예정이고 실려온 자동차는 모두 뭍으로 하역하여 이제 남은 것은 배와 사람뿐이다.

　이제부터는 소말리아(Somalia) 해적과 싸울 시간이다.

　회사로부터 여러 가지 정보와 대처 방법 등에 대한 지시가 이메일로 도착해 있다. 자동차 전용선은 배의 갑판 높이가 해면(海面)으로부터 약 16미터가량이고 안으로 통할 수 있는 통로는 모두 이중, 삼중으로 안전장치를 만들어서 밖에서는 열 수 없는 철옹성(鐵甕城) 같다. 일반 선박의 개방된 낮은 갑판과 다르며 선속(船速) 또한 최대 속력으로 달리면 일반 선박의 시속 약 25㎞보다 빠른 약36㎞ 정도다. 그러나 그들에게는 '해적질'이 직업이다. 그들의 보다 진보된 기술이 발전되기 이전에 평화적인 방법이 없을까?

피랍(被拉)되었을 때 한국인의 몸값이 비싸다고 조롱이 반쯤 섞인 농담을 들을 때에는 한국인의 위상에는 기분 좋으나 소말리아(Somalia)는 한국인의 친구라는 이야기를 들을 수는 없는 걸까?

다섯 번째 기항지
에놀(Ennore, India)에서

소말리아(Somalia) 해역도 무사히 지나왔고 자동차를 선적 (船積)하기 위하여 인도(India)의 에놀(Ennore)에 입항하였다. 이곳에는 우리나라와 일본의 현지 자동차 생산 공장이 있는 곳이다. 일본산 자동차를 선적하여 스리랑카(Sri Lanka)와 싱 가포르(Singapore)로 갈 예정이다.

머무를 시간은 많은데 시내까지 너무 멀다. 이러한 사실을 미리 알고 왔는지 배의 후미(後尾)에 있는 화물 통로 입구 측 에 만물 시장이 열렸다.

모두들 필요한 것과 기념품을 사느라 분주하다. 나도 무엇 이 있는지 궁금해 보기 위하여 가까이 다가서니 시커멓게 생 긴 놈이 "형님! 오팔, 사파이어, 각종 보석 있어요" 하며 상품 카탈로그를 들이대는 것이 아닌가! 너무 놀라서 단도직입적으로 "어디서 한국어 배웠어요?" 물으니 한국에서 2년 가까이 경기도 안산(安山)의 공장에서 일했었고 이곳 인도(India)의 한국 자동차 공장에서도 일을 했었단다. 얄밉도록 한국말을 잘한다. 한국의 여행자들이 외국에 가서는, 특히 동남아 지역에서 말을 함부로 하다가 봉변을 당한다는 이야기가 피부에 와닿는다.

한번은 영국(英國) 해협을 통과하여 독일로 향하는데 영국 도선사(Pilot)가 승선해 함께 식사를 하게 되었다. 살롱 보이(Salon Boy)가 나에게는 된장국과 김치가 곁들인 것을 준비해 주고 영국인 도선사에게는 정성스럽게 양식으로 준비해 줘서 식사를 했는데 도선사가 자꾸 나를 힐끗힐끗 쳐다본다. 얼른 눈치 채고는 한국의 김치(Gimchi)와 된장국(Bean paste Soup)이 어떠냐고 물으니 당연하다는 듯이 자기에게는 왜 안 갖다 주느냐고 반문한다. 이제는 어떠한 곳을 가든지 한국의 언어, 음식, 노래, 영화 등등이 '따 봉'이다.

한국을 잘아는 동남아(東南亞) 선원 대부분이 한국의 된장국을 자꾸만 일본식(式) 발음을 섞은 '미소 수프(mi-so soup)'

라고 말하기에, 내가 항상 먹고 있을 뿐 아니라 자기들도 즐겨 먹는 된장국(Doen-Jang Soup)은 순수한 한국말이고 일본과 제조 방법은 물론이고 맛도 다르다고 가르쳐 주어도 발음이 어려워 기억하기가 힘든 모양이다. 우리 조상님들이 먼 후일에 이렇게 된장국이 세계적으로 유명해질 줄 알았으면 발음하기가 쉽고 기억하기 좋은 말로 만들었을 텐데. 외국인에게 김치(Gimchi)는 발음과 기억하기가 베리 굿(Very Good)이고 한국 사람들에게는 "김치" 하면서 사진을 찍는 것이 가장 자연스럽고 스마트한 연출이다. 아울러 인삼(人蔘, Insam)도 한국 고유의 명품(名品)이고 언어다. 일본식(式) 표현인 '진셍'이 절대 될 수 없다. 김치가 중국식(式) 표현인 '파오차이(泡菜)'가 될 수 없다. 언제나 어디서나 한국 고유어로 '김치(Gimchi)'이고 '인삼(Insam)'이다. 에놀(Ennore)은 이전에는 한적한 농촌 지역이었으나 최근에는 인도(India)의 남쪽 끝에 위치해서 인도양(印度洋)과 가까운 지역적 이점 때문에 한국, 중국, 일본의 자동차 중간 생산 기지로 서로 각축전을 벌이고 있으며 한국인도 제법 많이 거주하고 있기에 익숙한 한국 음식을 자주 먹을 수 있다고 앞에서 소개한 우리말을 얄밉도록 잘하는 상인이 만족스러운 표정으로 말한다. 그를 뒤로하고 다음 기항지로 출발하였다.

손으로 직조한 인도의 고(古)문양

잘난 체하는 거위
인도의 한 공원에서 만난 친구들

오각형의 비밀

샛노란 사탕꽃

유혹의 별꽃 사탕

여섯 번째 기항지
콜롬보(Colombo, Sri Lanka)에서

스리랑카(Sri lanka)하면 인도 최남단으로부터 엎어지면 코 닿을 곳에 위치한 작은 섬 나라로 실론 티(Ceylon Tea)와 불교 국가로 유명한 나라이다. 해상 무역 항구인 콜롬보(Colombo) 항에 도착해서 차(Tea, 茶) 전문 시장을 방문하여 여러 종류 의 차를 구입하였는데 대부분의 상품명들이 이전 국가 이름 인 실론(Ceylon)이란 문구를 국제적 유명세 때문인지 국가명 이 바뀌어도 계속해서 사용하고 있었다.

특히 눈에 띄는 상품은 뉴와라-엘리야(Nuwara-Eliya)라는 차 종류인데 고도 1,800~2,700미터에서 차 잎을 채취한다고 하니 그 맛 또한 깔끔할 것 같다.

작은 섬나라라 그런지 대중교통 수단이 거의 대부분이 삼 륜차를 개조한 문이 없는 소형 택시라 손님이 키가 크거나

뚱뚱한 사람은 무척 불편할 것 같다. 또한 불교 국가답게 거리의 구조물과 불교의 부도(浮屠)형 첨탑이 이방인의 눈에 이색적이다. 힌두교가 대부분인 인도와는 종교적으로도 다를 뿐 아니라 그에 따른 문화적 차이가 있는데 음식 문화는 인도의 카레 음식이 대부분이다.

해양 도시인 콜롬보(Colombo)는 인도양(Indian Ocean)의 길목에 위치해 있기에 중간 무역지로 좋은 조건을 가지고 있어 제2의 싱가포르가 될 것이라는 콜롬보 대리점(Agent)의 희망찬 바람과 곧 열리게 될 브라질 월드컵에서 'KOREA'를 응원하겠다는 불교식 인사를 뒤로하고 다음 기항지인 싱가포르로 향하였다.

고산 지대의 전통차   콜롬보의 시내 전경

석양

일곱 번째 기항지
싱가포르(Singapore)에서

세계 속의 해상교통 요지인 싱가포르(Singapore)항에만 오면 항상 긴장한다. 왜냐하면 이곳을 통과하는 거의 모든 선박들이 싱가포르 항에서 연료 수급(Fuel Oil Bunkering)을 한다. 우리 선박도 예외는 아니다. 연료 수급량이 많을 때에는 약 1700톤(M/T) 정도로 돈으로 어마어마한 액수이다. 연료 수급 시 연료(F.O)가 액체(液體)이기 때문에 자동계량장치를 통해서 공급해도 양(量)에 차이가 있는데 수동방식으로 공급량을 고집하는 그네들과 우리들이 수급한 양의 차이로 항상 시비가 붙는다.

마음을 강하게 먹고 협상에 임한다. 그러면 한참의 실랑이 끝에 재협상이 들어온다. 결국은 우리가 주문한 양과 그네들의 공급한 양이 적은 차이에서 협상된다. 영수증(Delivery

Receipt)에 싸인 하면 안전(Prevent Oil Pollution)하게 연료(F.O)를 받았다는 안도감과 함께 긴장이 풀린다.

긴장을 내려놓고 1980년대부터 아득한 추어이 서려 있는 피플스 파크(People's Park, 종합 시장)와 오처드(Ochard, 종합 시장)로 향하였다. 오래된 추억 속에 그 당시 이곳에서 세계적으로 유명한 상품인 전자제품(워크맨), 카메라, 시계, 화장품, 의류 등을 구매하여 귀국했을 때에 많은 사람들로부터 부러움을 샀던 기억이 있다. 그러나 이제는 이곳에도 많은 상품들이 'Made in Korea'이고 사람들도 일하러 온 동남아 사람들로 변하여 북적거렸다.

오로지 변하지 않은 것은 아름다운 섬인 센토사 파크(Sentosa Park)로 관광객을 나르는 케이블카 풍경인 것 같다. 그리고 오랜 세월의 변화에도 변하지 않는 사람 사는 냄새는 언제나 바다 사내들의 오아시스다. 그러나 항상 그러하듯이 다음에 다시 올 것을 기약하며 다음 기항지로 출발하였다.

센토사 파크(Sentosa Park)의 전경

사랑은 나비인가 봐

여덟 번째 기항지
요코하마(Yokohama, Japan)에서

싱가포르(Singapore)항을 떠난 후 약 8일간의 순항 끝에 일본의 동부태 평양 지역에 위치한 요코하마(Yokohama)항에 도착하였다. 많은 해상 관련 공직자들의 방선(訪船)이 있어 몹시 바쁜 입항(入港)날이었다. 모든 일이 순조롭게 끝나가는 분위기 속에 갑자기 다케시마(竹島)를 어떻게 생각하느냐는 당황스러운 질문을 받았다. 하나뿐인 한국인이던 나는 무척이나 당황했지만 침착하게 부드러운 말(英語)로 "나는 한국 사람이다. 영원히 한국 사람이기에 한국말과 영어로도 독도(獨島, DokDo)라는 말만 알고 있다"라고 답변하였다. 속으로는 대마도(對馬島)는 우리 땅, 독도(대나무가 전혀 자생하지 않음)가 아닌 일본이 말하는 죽도(竹島, 다케시마, 대나무가 자생하는 섬)는 어디에 있느냐고 물어보고 싶었으나 '가까우면서도 먼 나라' 아닌가.

액자

한국의 독도가 아닌 창 밖의 한 폭의 일본 섬

    나는 1990년대 중반쯤에 일본의 역사 왜곡에 대한 어렴풋한 기억을 가지고 있다. 잠시 선박 해상 생활을 접고 중국(中國)에서 사업을 할 때에 우연히 옛 고구려 수도인 국내성(國內城, 중국 吉林城 集安市)과 인연을 맺었었다. 당시 집안시(옛 국내

성)에서 나에게 제공한 자료 — 일본 NHK 방송사에서 광개
토대왕비문과 고구려 유적을 촬영한 후에 일본 국내에서 방
영한 비디오 테이프 내용 — 중에 고구려 역사와 한반도 역
사를 왜곡한 사실에 혼돈이 생긴 나는 한국청소년연맹의 협
조로 방중(訪中) 한국 대학생들의 탐방로를 조선족 활동지인
연길(延吉)에서 집안시(고구려 수도인 국내성, 集安市)로 방향을
돌려 함께 고구려 유적지로 향했다. 그때 동행했던 수십 명
의 한국 대학생들을 기억한다. 또한 우리 조상의 위대함이
묻어나는 생생한 현장의 고분 벽화와 중국 고서에 묘사된 고
구려 역대 대왕들의 초상화(중국 화가가 그렸음)를 MBC 방송
사를 통해 방영한 것을 떠올렸다. 유쾌하지 못한 기분을 전
환하기 위하여 요코하마 시내로 향하였다. 무엇보다도 제일
먼저 방문한 곳은 빠친코장(場)이다. 기계와의 승부가 무모한
것을 잘 알고 있어 일정한 금액을 정하고 도전하여 보았지만
행운은 따르지 않았다. 발걸음 닿는 대로 조용한 선술집을
찾아서 따뜻한 일본 술(사케)과 나의 떠듬거리는 일본어를 받
아주는 친절한 바텐더 아가씨와의 대화를 안주 삼아 미국
(U.S.A.) 동부로의 다음 여정(旅程)을 준비하였다.

7080의 운치가 풍기는 조용한 선술집

철수야 학교 가니?

Part 2
⚓

태평양(Pacific Ocean)을 건너면서

분리된 두 층의 세계

구름이 엮은 새끼줄

파도에 누운 무지개
남아프리카 희망봉(Cape Town)을 안고 돌면서 만났다

무지개를 품은 구름

무지개의 반란

일본 요코하마항(港)을 출항하여 드넓은 태평양을 건너고 파나마 운하를 통과하여 최종 목적지인 미국 동부 지역으로의 멀고도 먼 힘찬 항해가 시작되었건만, 지난 4월 어느 날에 발생한 고국의 슬픈 참사(세월호 참사)를 출항하기 전에서야 한참 늦게나마 소식을 들었다. 너무 참담한 사고소식에 고인이 된 많은 영령들께 해운인(海運人)으로서 깊이 머리 숙일 뿐이다. 일본 항구 정박(碇泊) 중에 일본 회사 직원으로부터의 전언(傳言)에 의하면, 당시의 사고 선박은 일본(日本)섬(島)들 간에 운항하였던 선박으로 선체 복원력이 문제가 되어 일본에서 운항 정지된 것이었다고 한다. 그런데 왜 그 선박이 한국으로 갔으며 어떻게 운항될 수 있었던 것인가? 더욱이 사고 선박의 종류가 사람을 실어 나를 수 있는 여객선인데…… 또한 사고 발생 후에 선체가 기울기 시작해서 1시간여의 시간이 있었다는데 도대체 무슨 일이 있었기에 그렇게 수많은 생명을 빼앗아 갔는가?

　내가 승선 중인 선박은 얼마 전에 일본 항구에 입항하자마자 선박 운항 중에 발생할 위험으로부터 모든 승조원(乘組員)

들의 생존에 대한 대처 매뉴얼과 선박의 모든 안전에 대한 까다로운 항만국 검사(Port State Control)를 받았다. 이때 결격 사항이 발생하면 필히 해결해야만 출항할 수 있다. PSC 검사가 일본에만 있는 것이 아니라 한국은 물론 항구(Port)를 소유한 전 세계의 모든 국가라면 엄격히 실행하고 있고 국제적으로 공유하는 기구이다. 나는 우리나라가 일본을 제치고 세계 제1의 조선 강국이라는 자부심에 가끔 나의 직업을 반추하곤 하였다. 지난 1973년 초쯤에 부산시 영도에 소재한 조선소에서, 그 당시에는 한국에서 제일 큰 선박이었을 선박 명명식에 영부인께서 오셔서 명명식을 거행하는 행사를 갑문(Dock) 밖에서 도열하여 축하하였던 것이 나의 생애에 선박과의 첫 인연이었다. 그 후로 짧은 시일 내에 한국의 역동적인 조선 기술로 국산화 60% 이상이라는 현대 상선과 현대 중공업의 열망에 26만 톤(현대 자이언트號) 선박을 건조(建造)하는 데 수개월 동안 직접 참여하고 처녀 승선운항하였던 일과 선명(船名)을 한국어로 선명하게 새기고 자랑스럽게 전 세계를 누볐던 산업의 일군이었다고 추억을 되새기곤 하였다. 그런 후에 21세기 지금은 명실상부한 세계 1위 조선국이며 우리들의 해운 기술도 세계 속에서 인정받고 있다고 자부하고 있는데 '우째 이런 일이!' 해양(海洋)인으로서는 모든 상황을 도저히 이해할 수가 없다. 수백 명의 귀한 생명을 앗아간 슬픈 대참사가 세계의 빅뉴스가 되었고 같이 승선하고 있는 외국 선원들의 경멸스러운 동정에 한없이 몸이 작아지는 것 같다. 그러나 눈앞에 험난한 파도와 태풍의 장해물이 있다고 목적지로 가기 위한 태평양 횡단을 포기할 수는 없다. '대한민국호(號)' 항해의 심장인, 기관(ENGINE)의 힘찬 박동을 멈출 수는 없다.

★ 태평양상의 날짜변경선(동경 180도)을 지나면서

2014년 07월 29일 태평양상의 날짜변경선을 지날 때에 우연의 일치고는 묘한 일이 생겼다. 외국 선원들 중 한 사람의 생일이 7월 29일이었는데 날짜변경선을 동쪽으로 통과 하면서 하루 지난 다음 날도 7월 29일이 되었기 때문에 생일을

두 번씩이나 지내게 되면서 첫날 저녁 시간에 성대한 생일 파티가 열렸다. 나를 생각해 준다고 튼 첫 축하곡이 가수 싸이의 「강남 스타일」이다. 외국 선원들 모두 말춤을 기가 막히게 춘다. 「강남 스타일」이 벌써 세계를 흥분의 열광 속에 몰아넣은 지도 수삼 년이 흘렀는데 정작 한국인인 나는 노랫말과 말춤 추는 방법을 잘 모른다. 미국의 대통령도 잘 추신다는데……. 가끔 외국 선원들로부터 노랫말의 의미를 잘 모르겠다고 「강남 스타일」이 어떤 스타일(Style)이냐고 물어온다. 나의 대답은 이랬다. 강남(South of River)은 서울의 중심을 흐르는 한강의 남쪽 동네로 한국의 최고 부자들이 모여 사는 동네이며 강남 스타일(Style)은 그네들의 생활 방식이다. 너희들의 한달 봉급으로는 그곳에서의 하루 생활비로도 부족하다고 과대포장하며 나도 한때는 노랫말속의 강남에 오랫동안 살았다고 했다. 나의 설명 이후라 그런지 모두들 믿지 않는 표정이다. 한국의 격동기에 배를 타면서 강남의 아파트에 당첨되어 적지 않은 돈도 벌었었고 근무하던 선박 회사가 강남에 소재하고 있어서 활동 무대가 강남이었었다. 지금처럼 부

(富)의 유명세만 존재하고 있는 세계인의 선망의 무대만 아니었고 보통 사람들의 스타일도 공존했었던 것 같다. 어떻든 전 세계인들에게 회자되는 '강남'이 대한민국에 있다니 '이 어찌 기쁘지 아니한가?'

구름들이 사랑하는 방법
태평양의 쾌청한 어느 날 구름들이 사랑 놀이를 하고 있다

바다 위에 눈(雪)이 쌓이다

바다에 누운 무지개

81

아홉 번째 기항지
태평양(Pacific Ocean)과 대서양(Atlantic Ocean)을 이어 주는 파나마 운하(Panama Canal)에서

드디어 태평양의 동쪽 끝자락에 왔다. 더 이상의 대해(大海)는 없고 파나마 운하(運河)를 통과하지 않으면 대서양으로 나아갈 수가 없다. 이곳 운하를 통과하려면 선박의 운항 장치와 안전 장치에 대하여 반드시 파나마 정부의 통과 사전 검사를 받아야 한다. 만약 선박이 운하 통과 중에 운항 불능이 되거나 안전에 문제가 발생되면 태평양 쪽이든 대서양 쪽이든 다른 선박들의 운하 항진(航進)이 불가능하여 큰 경제적 손실이 발생한다. 이러한 이유로 정부 검사관(Surveyor)에 의해 약 4~5시간 동안의 철저한 검사를 무사히 마쳤다. 검사관이 협조에 고맙고 무사 통과를 기대한다는 말을 건넨다. 첫 번째 갑문 쪽으로 배가 서서히 진행하니 이제부터는 태평양

끝이고 대서양으로 가는 길목이라고 불밝힌 화살표 방향의 이정표가 반긴다. 이러한 천혜의 자연 조건이 없었으면 어떻게 대형 선박(파나마를 통과할 수 있는 최대 선박, 파나막스)이 태평양과 대서양을 짧은 시간에 서로 왕래할 수 있을까? 여러 개의 계단식 갑문(閘門)을 통과한 후에 대서양의 해면과 일치시키는 마지막 갑문에 도달하니 운하 통제관 건물에 걸린 '축, 개통 100주년 기념(1914-2014)'의 현수막이 우리를 환영한다. 운하 개통의 굴욕적 역사와 영욕(榮辱)의 세월을 뒤로하고 현재는 파나마(Panama)가 세계 속의 해운 국가로 변환되어 있다. 역시 나도 파나마 해기사 면허와 선원 수첩을 보유하고 있다. 또한 무수히 많은 선박들이 파나마를 국적(船籍)으로 선택하여 파나마 국기를 달고 다닌다.

해공(海호) 양동 작전

태평양에서 대서양으로 가는 파나마 운하(運河)를 통과하는데 앞서서 인도한다

열 번째 기항지
보스턴(Boston, U.S.A.)에서

바다와 어우러진 도시, 보스턴

파나마 운하를 무사히 통과한 후에 카르비해(Caribbean Sea)를 거슬러 미국 동부로 향진하였다. 저 멀리 유유히 항진하고 있는 아름다운 자태의 대형 유람선과 동행하고 있으니 나도 모르게 마음이 황홀해진다. 우리의 배에는 매일 얼굴을 맞대고 있는 무미건조한 남자들뿐인데 저 유람선 속에는 갖가지 사랑과 사연을 담은 아름다운 일로 가득하겠지?

카르비해(Caribbean Sea)에서 만난 혼돈의 세계

카르비해(Caribbean Sea)에 핀 바다꽃의 군락

미국 남부 지역과 해상에 해일과 토네이도가 발생하였다고
는 하나 미국 남부의 여러 항구들을 거쳐 무사히 보스턴
(Boston)항에 입항하였다. 오랫동안의 해상 생활 중에 미국
동서부 연안의 항구는 거의 다 가 보았지만 보스턴은 생전
처음이다. 도시 전체가 상상만큼이나 상당히 고전미를 풍기
며 주위가 아름답다고 느껴진다. 더욱더 오랜 역사를 가진
보스턴 세계 마라톤 대회에 대하여 가벼운 흥분을 느낀다.
나의 국민학교(초등학교) 시절 사회-체육 과목에서 1947년의
서윤복 선수(1등)와 1950년의 함기용(1등), 송길윤(2등), 최윤칠
(3등) 선수들의 쾌거를 배운 기억이 생생하다. 우연한 기회에
시인인 김영랑의 기고문 '장(壯)! 제패(制覇)'(1950년 4월 24일자
주간 서울에 게재)를 최근에 발행한 모 월간지에서 접하였다.
〈장(壯)! 제패(制覇)〉— 세기의 전반(前半) 마금 사월 스무 날
새벽 세 시 수줍고 맑은 이 땅 대기(大氣)를 접고 오는 거룩한
발짓소리 조국을 걸고 뛰는 수많은 발짓소리……중략……
먼 만리(萬里) 보스턴 올림피아를 닫는 발짓소리 초침(秒針)소
리 네 시요 다섯 시라 조이는 이 가슴을 뛰는 발짓소리 초침

소리……중략……다섯 시 반이라 아! 골인 골인 골인 한민족 (漢民族)의 챔피언 미스터 함(咸) 송(宋) 최(崔) 결코 새벽 선꿈 이 아니다 오십만 관중이 환호입체(歡呼立體) 이겼다 이 겼다 이십억의 경주(競走) 오천년 만의 신기록 이겼다 이 겼다 오! 한 민족이다 뭇 나라와 뭇 겨레와 뭇 종족의 참된 절을 받는 다……중략……우렁차게 부르자 동해물과 백두산이! - 四月 二十日 記 -. 저 멀리 만국기 게양대에 "태극기"가 자랑스 럽게 펄럭인다.

상상컨대 1950년대에는 국제적 교통편이 무척 열악하여 선 수들이 보스턴 마라톤 대회에 참가하려면 서울을 출발하여 배(?)로 일본을 경유하고 태평양을 건넌 후에 미(美) 서부에서 부터 미 대륙을 횡단하여 미 동북부 지역인 보스턴에 도착해 야 했을 것이다. 당시에는 보편적인 교통편도 없었고 그에 따 른 소요 시간도 어마어마했을 텐데 어떻게 체력을 유지하여 세계 제패라는 쾌거를 올렸을까? 잠시 상념(想念)에 빠진다. 나는 오랜 해상 생활에 아주 익숙하여져 있는데도 불구하고 배에서 내려 땅을 밟고 걸으면 평형 감각이 무디어져 땅이 춤 추는 것을 종종 느끼곤 한다. 그 옛날 대한국인(大韓國人)의 세계 제패가 경이스럽게 느껴진다. 이곳에서 일본에서 싣고 온 신품 자동차를 전부 뭍으로 하역하고 이곳에서 남쪽으로 가까운 거리에 위치한 다음 기항지인 베이온(Bayonne, New York)에서 서아프리카행 중고 자동차를 싣는다.

열한 번째 기항지
베이온(Bayonne, New York)에서

배에서 바라본 새벽의 뉴욕(New York)

허드슨강을 거슬러 올라가니 오른쪽으로 미국의 상징인 자유의 여신상이 아름다움을 뽐내고 서 있고 그 뒤로 초고층 건물들이 가지런히 정렬되어 있는 광경에 잠시 넋이 빠졌다. 잘 조화된 이 광경을 한눈에 관람할 수 있는 행운에 정신 없이 카메라 셔터를 눌렀다. 더욱더 야간에 뉴욕(New York)항과 서로 인접한 베이온(Bayonne)항에서 바라보는 불밝힌 자유의 여신상과 잘 어울려져 있는 초고층 빌딩들의 황홀한 불빛 광경이 무척 아름답다. 날이 밝아오니 아름다운 광경과는 반대로 이곳 부두에는 중고차들이 각양각색의 모습으로 선적을 기다리고 있었다. 미국은 세계의 자동차 전시장답게 중고차 종류가 어마어마하다. 심지어는 금방 사고가 났는지 앞범퍼가 그냥 덜렁덜렁한 상태로 실리고 있는 중고차도 제법 있다. 현지 대리점(Agent)에 의하면 실리는 중고 자동차는 서아프리카의 코토노(Cotonou, Benin)와 라고스(Lagos, Nigeria)의 원유와 현물로 교환한단다.

Part 3

대서양(Atlantic Ocean)을 가로질러서

대서양의 카르비해(Caribbean Sea, Atlantic Ocean)에 인접한 중남미
섬을 지나며 만난 바다의 백설공주(白雪公主)

무지개 똥을 싸는 구름 신사(紳士)

열두 번째 기항지
코토노(Cotonou, Benin)에서

비록 배에는 중고차가 실려 있지만 서아프리카로 보내질 문명의 이기(利器)를 싣고 그 옛날 아프리카 흑인 노예들을 신대륙으로 날랐던 노예선의 항로를 거꾸로 항해하고 있었다. 국내에서 방영(放映)되고 있는 외국 영화 중에 제목도 내용도 잘 모르지만 쇠사슬로 온몸의 자유를 구속당한 흑인 노예의 모습과 배 멀미로 고통스러운 표정을 짓는 흑인 노예의 모습이 표출된 영화 포스터의 장면이 잠깐 스쳐 간다. 다음 기항 예정지인 코토노(Cotonou, Benin)가 그 옛날 신대륙으로 팔려갈 아프리카 흑인 노예 시장이 번성했던 곳이고 노예선의 출발지였다니 연민의 상상이 떠오르면서 처녀 여행지에 대한 기대감에 설렌다. 서아프리카 국가인 베냉(Benin)은 나의 일생 동안에 여행한 국가 중에서 중복되지 않은 셈(算)으로 44번째의 방문 국가가 된다. 숫자 44는 불길하게 느껴진다. 동양에서는 '숫자 4'를, 서양에서는 '숫자 13'을 불길한 숫자로 여겨 표기하기를 꺼리기 때문이다. 그러나 나는 숫자 4를 좋아한다. 소싯적 대학 재학 시절에 미식축구(美式蹴球, American Football) 선수로 3여 년 동안 활동을 하였는데 유니폼의 앞과 등 번호를 모두가 싫어하는 44번으로 즐겨 사용하였었다. 그러나 통속적인 불행이 찾아왔다. 미국을 출항할 때에는 아무 경고가 없었는데 이곳 입항 전에는 회사로부터 서아프리카에 에볼라가 발생했다는 것이다. 코토노(Cotonou, Benin)항에서 배(船) 밖으로는 외출이 절대 불가하며 입항 즉시 지급될 마스크와 비닐 장갑을 반드시 착용하라는 지시가 도착했다. 당황스럽다. 아무도 에볼라에 대한 정확한 지식을 아는 사람이 없다. 더욱더 방선한 도선사도 에볼라에 대한 언급도 없었고 입항 즉시 검역관도 오지 않았고 대리점도 하역 인부들도 모두 덤덤한 일상이다. 공기로는 감염이 되지는 않고 신체 접촉으로 전염되며 고산 지대를 가지고 있는 이웃 나라 일이고 자기네 나라는 괜찮다나…… 나에게는 마음 설레던 새로운 여행지

이고 2박 3일의 정박 예정이 있는 나라여서 외출을 한껏 기대했었지만 어쩔 수 없다. 지근거리에 보이는 비포장도로와 그 주위로 드문드문 보이는 만물 가게들을 보니 마치 우리나라 1960년대의 풍경과 흡사해 보인다. 잠깐 부두 앞에서 현란하게 차려입은 현지의 젊은 남자와 함께 사진 촬영을 하였는데 아무리 봐도 울긋불긋한 모자이크식 무늬가 현대식 감각의 패션은 아닌 것 같다(?). 가까이에 위치한 다음 기항지인 라고스(Lagos, Nigeria)는 에볼라에 대한 상황이 더욱 안 좋단다. 오 마이 갓!

현란한 옷을 입은 남자

희망의 햇빛

Part 3 ★ 대서양(Atlantic Ocean)을 가로질러서

열세 번째 기항지
라고스(Lagos, Nigeria)에서

　　라고스(Lagos, Nigeria)항은 코토노(Cotonou)항으로부터 약 4~5시간의 지근거리에 위치하여 있다. 서아프리카의 새로운 산유국답게 해역에는 유전이 많이 보인다. 육지가 가까워서 핸드폰의 국제 로밍이 가능할 거라는 생각에 전원을 'ON' 하니 대한민국 외교부 영사 콜센터로부터 '나이지리아는 에볼라 발생 국가이니 당장 안전한 국가로 대피하시오'라는 다급한 문자가 뜬다. 아무래도 직접 전화를 하는 것이 좋을 것 같아 영사 콜센타의 담당자와 통화를 하였더니 나이지리아에서 에볼라로 많은 사망자가 발생하였다고 그곳을 즉시 떠나라고 한다. 잘 알았다고 답변을 하였으나 당혹스럽다. 이미 이곳의 일부 국제 항공 항로는 취소되고 외국인의 출입국이 어렵다는 정보가 있어서 본선 휴가자들의 교대 계획도 모두 취소되었는데 어찌하랴? 또 다시 회사로부터 라고스(Lagos)에 머무를 동안 반드시 마스크와 비닐장갑을 착용하라는 강력한 지시가 왔었다. 선내가 벌집 쑤신 것같이 우왕좌왕하는 분위기다. 입항하자 검역관의 철저한 신체 발열 검사가 이루어졌고 선외로의 출입은 금지되어 외부인과의 접촉을 피하라는 회사의 지침이 있는데 방선하는 외부인들은 왜 이렇게 많은지 모르겠다. 마스크와 비닐 장갑을 착용하고 업무를 보려니 마치 공포 영화의 한 장면 같아 어색하기만 하다. 어떤 공무원은 업무를 끝내고 나니 한국 사람인 내가 반가워서 그런지 한국어로 "반갑습니다"라며 가까이 다가와 두 손을 내밀며 악수를 청한다. 하지만 나는 슬그머니 뒷걸음치며 거리를 두고 영어로 "Thank you"라고 답변하며 속으로는 빨리 떠나기를 바랐다. 어떨 때에는 잠시 휴식하러 방으로 돌아오면 즉시 손을 박박 씻고 양치질도 열심히 하고 입었던 외투를 즉시 벗어 방의 욕실에 있는 세탁기 내로 던져 버렸다.

세상에서 제일 편한 휴식. 서아프리카 나이지리아에서 한 가족이 고기를 잡던 중에 낚싯줄을 던져 놓고는 제각기 달콤한 휴식에 빠져 있다.

아무리 주위를 돌아보아도 긴박한 상황은 느껴지지 않는다. 한 가족인 듯한 사람들이 한가롭게 배 주위에서 고기 잡는 모습과 방파제 밖으로 떠 있는 수많은 소형 유조선과 어선들을 보니 오히려 아무 일도 없는 듯하다. 가까이 부두를 끼고 흐르는 하천의 주변으로 여과되지 않은 채로 판잣집이 덕지덕지 붙어 있다. 어린 시절 서울에 살 때의 청계천 주변 광경을 기억나게 한다. 지금은 청계천이 도심 속의 청정 지역으로 변환되어 있어 새가 날아들고 물에는 토종 민물고기가 헤엄친다. 나는 가끔 어린시절을 회상하면서 무교동에서부터 마장동까지 청정 지역인 청계천변을 걸으며 병이 될 독소를 모두 날려 버리곤 한다. 지금 나는 이곳에서 3박 4일 동안의 근심과 걱정을 어떻게 날려 버릴까 고민 중이다. 빨리 떠나고 싶으나 싣고 온 중고 자동차를 전부 뭍으로 하역해야만 떠날 수 있으니…….

낚싯줄을 드리우고 주시하는 일가족

조그마한 내(川)가 흐르는 라고스(Lagos) 그 주위로 위험스럽게 다닥다닥 붙은 작은 집들

Part 4

적도(Equator)를 지나며

구름 융단

바다의 이등분

마침내 학수고대하던 라고스(Lagos)항을 떠나는 날이다. 모든 선원들이 약 열흘 동안에 아무 일이 없었다고 안도를 하며 전쟁터에서 무사히 돌아온 병사처럼 들떠 있었다. 그러나 회사에서는 이에 대한 대가로 주는 특별 보너스를 약 20일이 경과한 후에나 지불한다고 하니 조금은 의아스럽다. 뱃머리는 다음 기항지인 남아프리카공화국의 더반(Durban)항으로 향하였다. 출항 직후 지근거리에 있는 적도(赤道)를 지나며, 바다 사나이들에게 더 이상 에볼라의 두려움에 대하여 아무 일이 일어나지 않도록 바다의 신(海神, 동양에서는 용왕님, 서양에서는 로마의 神 넵튠, 그리스의 神 포세이돈)에게 신의 보살핌과 앞으로의 모든 항정(航程)이 순탄하도록 굽어 살펴달라고 기원(祈願)하여 본다. 매년 봄철이면 해양계 대학이나 해양계 학교에서는 적도제(赤度祭)라는 의식(儀式) 행사를 여러 가지 방법으로 거행한다. 물론 실제로 승선 중에 적도를 통과할 때에는 선상(船上)에서 돼지머리와 제주(祭酒)를 놓고 바다의 신에게 노여움을 거두어 순항하도록 도와달라고, 본인과 멀리 떨어져 있는 가족들의 무사안녕을 보살펴 달라고 기원을 하곤하였다. 현재는 이 의식이 점점 없어지고 있지만 바다 사나이들이 적도제 의식을 치르면서 대자연의 힘에 오만하지 않고 자연의 앞에 겸손하게 하여 달라고 바다의 신에게 기원하게 한다면 무미건조한 승선 생활에 활력소가 될 것 같다는 생각을 하여 본다. 물론 무속적(巫俗的) 의미가 아니다. 다음 기항지 더반(Durban)으로 가기 위해서는 아프리카 대륙 최남단에 있는 희망봉(The Cape Of Good Hope)을 돌아가야만 한다.

파도에 누운 무지개
남아프리카 희망봉(Cape Town)을 안고 돌면서 만났다

동양화(東洋畫)

구름 아래에 선 무지개

황금빛 햇살

열네 번째 마지막 도착지
더반(Durban, South Africa, 출발점)에서

역시 바다의 신에게 기원한 효력이 있어서 그런지 끝까지 괴롭히는 에볼라의 근심은 희석되어 갔고 희망봉을 좌측에 두고 돌 때까지는 순항이었다. 그러나 희망봉을 돌아 인도양 쪽으로 항진하니 남극해로부터 차가운 공기와 거센 바람이 반겨 준다. 약 이틀 후면 다음 선적항인 인도양(Indian Ocean) 연안에 위치한 더반(Durban)항에 도착한다. 입항 전날 회사로부터 에볼라 발생 지역에 기항했던 보상으로 특별 보너스를 지급한다고 통보가 왔는데 하나뿐인 한국 사람인 나에게는 최고 많은 액수가 지급된다고 했다. 그러나 썩 반갑지는 않다. 국적을 떠나서 모두 같은 배에 함께 동행하였는데……. 몸 둘 바를 몰라 일부 액수를 선원들 파티 비용으로 갹출하겠다고 말하고 나니 마음이 조금은 가벼워진다. 점심쯤에 입항 대기를 위하여 묘박지(Anchorage)에 묘박하였다. 현지 대리점으로부터 입항 시간을 통보받았는데 묘하게도 지난 2014년 3월 17일에 이곳 더반(Durban)항을 출항한 후에 동부 아프리카의 3개 국가들을 순회하고 인도(India), 스리랑카(Sri Lanka), 싱가포르(Singapore) 등을 경유하여 일본(Japan) 동부의 요코하마(Yokohama)항을 기점으로 태평양을 건너서 파나마 운하(Panama Canal)를 통과한 후에 미국 동부의 보스턴(Boston)항을 정점으로 대서양을 횡단하여 서아프리카의 코토노(Cotonou)와 라고스(Lagos)를 섭렵한 후에 적도를 지나서 희망봉을 돌아 동으로 동진한 끝에 출발점인 남아프리카 더반(Durban)항에 정확히 지구를 한바퀴 돌아 귀환하는 데 꼭 180일이 걸렸다. 우연의 일치일까? 때마침 우리들의 친구인 고래들이 여기저기에서 쌍쌍이 무리 지어 가며 아주 가까이에서 배 주위를 싱크로나이즈하듯 유영한다. 우리들의 지구 일주와 무사 귀환에 대하여 마치 환영의 퍼레이드를 펼치는 것 같다. 어떤 친구들은 괴성을 지르며 분수같이 공중으로 물을 뿜으며 환영의 퍼포먼스를 한다. 또 어떤 친구는 몸을

배의 좌회전(左回轉)

지나온 길

집으로 돌아가는 길에

지구를 한 바퀴 돌고 나니 어느덧 휴가가 다가왔다. 종착지인 남아프리카 더반(Durban)항에서 BMW 자동차를 실고 다시 미국 동부로 왔다. 마지막 기착지인 미 남부 지방의 브론스위크(Brawnswick)에서 나의 휴가 계획이 이루어졌다. 집으로 가는 길은 아직도 멀고도 멀다. 차량으로 사바나(Savannah) 공항까지 이동하고 국내 항공선을 이용하여 케네디 국제 공항까지 갔다. 그런 후 장거리 비행 끝에 한국인천 국제 공항에 도착해서야 바다와 하늘에서의 나의 모든 여정(旅程)이 끝났다. 약 9개월 만의 그리운 조국과의 만남이다. 비취색보다 더 청아한 하늘과 은은한 녹차 향기의 공기가 오랜만이라고 나를 반긴다. 한숨 깊게 들이마시며 눈을 지그시 감아본다. 승선(乘船)하기 전 2014년 새해를 어느 해변가에서 해맞이로 시작하면서 많은 바람을 생각했었다. 2014년 한 해 동

안 나는 물론 모든 이들에게 항상 행복한 나날들이 되기를
바랐다. 그런데 행복의 여신은 미소를 보내지 않았다. 고국의
세월호 대참사란 참혹한 사건에 바다를 천직으로 삼는 해양
인(海洋人)으로서 할 말을 잃고 말았다. 많은 아까운 생명 앞
에 나의 무사 귀국이 죄스럽게 느껴진다. 또한 서아프리카 여
행으로부터 약 2개월의 시간이 지났는데도 에볼라란 일말의
좋지 않은 추억들이 저물어 가는 2014년의 끈을 붙잡는다.
다가오는 2015년 청양의 해에도 새해에는 꼭 해맞이를 할 예
정이다.

사랑의 심볼

혼자와 둘의 차이

창 밖의 외로운 그대

꼭꼭 숨어라

마지막 한 방울

90도

아름다운 자태

그림자

우리는 행복한 부부

맛있어 보이는 녀석

위험한 녀석

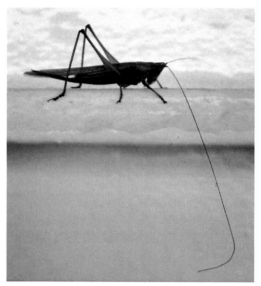

착각

Epilogue

귀항(歸港)

마도로스 박(朴). 되돌릴 수 없는 오랜 세월 동안 바다와의 인연을 가슴에 품고 살아온 사나이. 보통 사람들의 삶이 그렇듯이, 자기만의 영역에서 행복과 고통의 대부분을 바다에서 보냈다.

바다가 잔잔한 어느 날, 지루한 항해의 적적함을 달래려고 뭍으로부터 온 녹음 재생기를 틀었다. 오랫동안 대중의 인기를 받아 온 한 TV 프로그램이 나온다. 우리나라에서는 마도로스라는 직업에 대한 노래가 1위로 많다며 부산항을 떠나는 마도로스의 이야기를 노래한 「잘 있거라 부산항」를 튼다.

노래 소리가 애잔하게 흘러 나온다.

"아~아 아아 잘 있거라, 부산 항구야. 미스 김도 잘 있어요. 미스 리도 안녕히 온다는 기약이야 잊으랴마는. 아~ 아~ 아~ 아 또다시 찾아오마, 부산 항구야."

거슬러 1972년 10월, 서울의 어느 날들. 그 어느 날 긴 머리 청년은 머리가 길다고 경찰서에 끌려가 뭉뚝 머리를 잘린 채 등교했다. 그때 정문에 떡 버티고 있는 유신(維新) 독재의 꼭두각시인 장갑차가 청년을 향해 말했다. '학교에 오지 말라고.

추억하건대 명동(明洞)의 뒷골목에서 쭈그러진 주전자의 막걸리와 퍼석퍼석한 튀김으로 벗하고, 그때 그 시절 유명하다는 음악 다방에서 제대로 따라 부르지도 못한 한참 유행하고 있는 팝송들을 중얼중얼거리며 우울한 시대의 난감함을 달랬던 기억들이 희미하게 떠오른다.

그러던 나는 1973년 3월 2일인가. 다시는 돌아오지 않을 사람처럼 달랑 가방 하나 들고 장장 12시간의 경부선 통일호 열차에 몸을 싣고 고등학교의 수학여행 때 이후 두 번째로

와 보는 부산역에 도착했다. "여기가 부산 아이가~, 부산이데이, 어서 오이소~"의 시끌벅적한 사투리의 환영을 받으며.

그러고는 자칭 서울 사람인 나는 주위를 두리번거리며 어리바리 부산시 영도에 소재한 한국 M대학을 물어 물어 찾아간 것이다. 서울을 떠나기 전 무지(無知)의 새로운 도전에 대한 망설임으로 입교 예정일보다 조금 늦게 학교에 도착한 나를 향해 한참 입교해양(海洋) 훈련을 받고 있던 200인들, 아니 199인들의 눈이 반짝인다.

"바다가 우리를 부른다. 우리의 고향은 바다, 우리의 매골(埋骨)은 바다"라고 목청이 터지도록 나를 향하여 외친다.

나와 바다와의 인연은 그렇게 시작되었고 첫 설렘으로 신입생 시절 부산시 영도의 한 조선소에서 아마 약 2만 5천DWT 정도 됐음직한 선박의 명명(銘名)과 진수식(進水式)에 참석했다. 당시의 영부인께서 참석하시어 대한민국 호(號)의 출발을 알리는 것을 먼발치에서 바라보면서 바다와 만나는 것이 나의 운명이라는 전율이 몸속 깊은 곳으로부터 나의 불끈 쥔 주먹에 전해짐을 느끼고 있었다. 또한 생전 처음 큰 배를 보앗으니 나의 흥분은 더했던 기억이 새롭다.

　나의 새로운 도전에 대한 설렘과 운명적 기대 속에서 바다
의 꿈을 품은 해양인(海洋人)이 되기 위해서 노력했다. 좌학(坐
學)과 승선실습(乘船實習), 엄격한 학교 내무(內務) 생활 등 2년
의 기간을 견뎠고, 군(軍) 면제의 혜택이 아닌 선택 차출된 대
한민국의 부름으로 '아(我) 해군(海軍)'의 구축함(戰鬪艦) 승함
(乘艦)하여 2년간의 최북단 바다 생활을 하며 우리의 바다를
지키고 난 후에야 본래의 자리인 해양인(海洋人)으로 돌아올
수 있었다.

　꼭 4년의 세월에 대한 보답이 찾아왔다. 지금으로부터 햇수
로 40년 전인 1977년 3월 1일. 굴지의 H상선(商船)주식회사에
입사해서 VLCC(유조선, 26만DWT)에 생애 첫 초임 사관으로
승선(乘船)하게 되어 가슴 설레던 진짜 바다 사나이가 되었다.

　오랫동안 승선 생활하면서 이미 지난 방송을 복사해서 즐
겨 보는 TV 프로그램이 있다. 그 방송 첫 머리에 유명하신
사회자께서는 몇십 년을 꾸준히 빠트리지 않고, "국민 여러
분, 오늘도 검푸른 대해를 가르면서 당당하게 항진하는 외항

선원 여러분, 원양 선원 여러분, 일주일간 안녕하셨습니까?"라고 꼭 인사말로 안부를 묻는다.

그랬었다. 1980년대 중반쯤. 나는 계속 근무하고 있던 H상선의 원대한 세계 해양 약진의 계획으로 같은 계열사인 H중공업에서 순 한국산 60%라는 26만 톤(DWT)의 광탄전용선(H.GIANT호)을 건조(建造)하는 데 약 6개월 동안 직접 참여했다. 당당하게 뱃머리(船首)에 선명(船名)을 큼직하고 또렷하게 한국어와 영어로 병기하고 당당하게 검푸른 대해를 가르면서 무사히 약 6개월간의 처녀 항해를 마치고 나니 나름대로 베테랑의 바다 사나이가 된 것 같았던 일이 새롭게 떠오른다. 더욱이, 그 괴물이 2010년대까지도 건장하다는 이야기를 들으니 가슴 뿌듯하다.

나의 바다에 대한 도전은 계속되었다. 검푸른 파도, 배를 통째로 삼켜 버릴 듯한 집채만 한 파도, 화가 잔뜩 난 성난 파도, 폭풍우 속의 벼락치는 천둥번개 등의 무시무시한 표현을 다 동원해도 숙명적으로 피할 수 없이 그들을 만나야만 했다.

"바다의 신 포세이돈이시여! 나는 바다의 신인 당신께 지배

받기를 간절히 바랍니다. 여기 신께서 지배하는 적도와 날짜변경선을 지날 때 정성의 제물로 앙배(仰拜)하오니 내가 사랑하는 모든 사람들의 곁으로 무사히 항해를 마치고 돌아갈 수 있도록 길을 열어 주시길 간절히 바라옵니다"라고 나만의 마음속 기도를 무수히 하곤 했다.

쌍무지개 뜨는 바다
세찬 비바람이 몰아친 밤이 지난 후, 변화무쌍한 바다의 심술이 끝나고 언제 그랬냐는 듯 쌍무지개가 환영을 한다

이런 나의 간절한 염원을 보살펴 주셨는지 '호수 같은 바다, 넓고 넓은 포옹(抱擁)의 바다'에서 애절한 소망의 마음을 그려 주는 그림의 마술사인 구름도, 그 어떤 악마저도 집으로 무사히 돌아가라고 훤하게 비춰 주는 달님도, 덥다고 살랑살랑 부채질하는 해풍도, 무료한 항해를 달래라고 비온 뒤 먼발치에 뜬 쌍무지개도, 반갑다고 동행하는 바다의 친구인 돌고래도, 험한 역경의 바다에 순종했다고 바다의 신인 포세이돈의 선물로 만날 수 있었다.

눈앞에 선 무지개

쌍무지개

때론 지친 몸을 잠시 쉬었다 가라고 갈매기들이 끼룩끼룩 환영의 세레나데로 앞서거니 뒤서거니 하며 우리들의 오아시스로 인도한다.

　껌뻑껌뻑 졸고 있는 희미한 카페에서 살포시 옆에 와서 앉는 이름 모를 여인에게 나는 연민(戀憫)의 눈빛으로 내가 왜 여기 왔냐고 묻는다.

　그저 발그레하게 웃기만 하는 여인은 말없이 맥주를 나의 빈잔에 잔이 넘치도록 따른다. 오랜 갈망의 목마름을 여인의 해맑은 미소와 이국(異國)의 씁쓸한 맥주로 잠시나마 달래고 나는 또 다른 멀고 먼 나의 여정을 위하여 그 여인으로부터 말없이 기약 없이 떠났다. 무정한 마도로스의 가슴속은 2%만 바다로 채워져 있고 98%의 무언가는 표현할 수 없는 갈망의 부족함으로 되어 있는 걸까? 무엇일까? 기약 없는 무엇인가의 기다림? 누군가를 애절하게 사랑하고 싶은 갈망?

　바다로 떠나간 사랑하는 님을 목 빠지게 기다리는 여인네의 망부석(望夫石)이 아니라 속절없이 기약 없이 떠나 버리고 온 임을 향한 바다 사나이의 망부석(望婦石)이 되어서 태평양을, 대서양을, 인도양을 건너서 수십 차례 지구를 돌고 돌아 먼 인생의 바닷길을 돌아왔다. 그 먼 길을 5대양 6대주뿐만 아니라 두 손을 사용해서 세어 보니 먼 길을 돌아 들른 곳이 무려 51개 나라(國家)나 된다.

우연의 일과 조우하던 2017년 5월 5일. 우연의 일로 간주하기엔 쉽지 않은 일이 일어났다. 때마침 승선한 선박의 이름이 '부산 ○○호(M/V BUSAN ○○)이다. 이 지구상에는 몇십만 가지의 서로 다른 선박의 이름이 있다.

그 수많은 이름들 중에 콕 찝어 나를 만나서 마치 40년의 길고 긴 항해의 여정을 그만 내려놓고 너의 첫 인연의 자리로, 즉 너의 처음 바다의 부름을 받던 그곳인 부산(BUSAN, 釜山), 아니 부산항으로 되돌아가라고 나의 존경하는 바다의 신인 포세이돈이 인도하는 영감(靈感)이 떠오른다.

먼 옛날, 지금은 시대의 흐름에 따라 공원화가 진행되고 있는 부산의 중앙 부두와 4, 5부두에서 먼 발치의 사랑하는 님, 미스 김, 미스 리도 기약 없이 남겨 둔 채로 부우웅 뱃고동 소리가 긴 듯 짧은 듯 애절하게 울어대며 "잘 있거라 부산

항구야. 아~아~아~아 또다시 찾아오마" 하고 떠나야만 했던 가슴 먹먹함의 이별은 이제는 아련한 추억 속에 묻히어 버렸고 이제는 오랜 기다림 속에 사랑의 샘물도 바짝 말라 버리고 이별할 추억의 장소도 없으니 더 이상 "잘 있거라~" 하며 떠나지 않아도 된다고 나의 영원한 동반자인 부산항이 소매 끝을 부여잡는다.

십 년이면 강산도 변한다고 했나? 4번이나 변하여 지금은 '노인과 바다'가 되어버린 '나'. 지금 나는 희망, 열정, 기다림, 사랑이란 멀고도 먼 항해(航海)의 바다의 서사시(敍事詩)의 막(幕)을 내리고 있다. 해남(海男), 바다 사나이, 마도로스.

나는 시건방지게 근자에 해남(海男)이라는 별호(別稱)를 즐겨 사용하고 있다. 보유하고 있는 5개의 국가 자격증 중에 1급 한자 자격증 때문에 이런 한참 시건방진 호기를 부리고 있다. 그러나 어떠하랴, 모든 바다 사나이들에게 외친다.

영원한 불멸의 바다 사나이가 되라고.

2017년 늦가을 어느 날,
어느 마도로스의 독백

황금 들판

내가 제일 좋아하는 귀여운 동물

새벽 운무의 성벽(城壁)

극동 러시아 '나홋가'의 겨울새벽 운무가 새로운 세계를 만들다

바다 농장

정적에 휩싸인 바다

무지개 속으로 항행(航行)

하늘의 축복을 받은 섬

한려수도 앞바다를 지나 러시아로 가는 도중에 하늘의 축복을
받은 섬이 보인다

구름 사이로

부록

⚓

나의 바다 이야기

검은 구름 검은 바다

고목(枯木)

날벼락

태고(太古)의 땅 페루

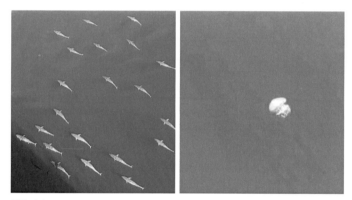

청정 바다

구름나무

구름에 갇힌 해

숨 쉬는 고래

또 다른 바다 세계

칠흑 같은 밤

태극기 휘날리며

바다의 왕자

울릉 바다의 조각 작품

울릉 바다의 에덴 동산

눈이 소복이 쌓인 배

외로운 파도

위험에 처한 새들의 함성

우아한 비상(飛上)

멍청한 놈이 갑판에 날아왔다

영역 침범

고목(古木)에 핀 꽃

나무 그물(網)

나도 장보러 가

생선 파는 아저씨

동고동락(同苦同樂)

아침녘의 새(鳥) 나무

가을 아침 풍경

185